L'ÉLECTRICITÉ STATIQUE

ET

L'HYSTÉRIE

MÉMOIRE

PRÉCÉDÉ D'UNE

LETTRE A M. LE PROFESSEUR CHARCOT

PAR

Le Docteur A. ARTHUIS

Chevalier de la Légion d'honneur
Commandeur de l'ordre de St-Grégoire le Grand

PARIS

OCTAVE DOIN, LIBRAIRE-ÉDITEUR

8, PLACE DE L'ODÉON, 8

1881

L'ÉLECTRICITÉ STATIQUE

ET

L'HYSTÉRIE

L'ÉLECTRICITÉ STATIQUE

ET

L'HYSTÉRIE

MÉMOIRE

PRÉCÉDÉ D'UNE

LETTRE A M. LE PROFESSEUR CHARCOT

PAR

Le Docteur A. ARTHUIS

Chevalier de la Légion d'honneur
Commandeur de l'ordre de St-Grégoire le Grand

PARIS

OCTAVE DOIN, LIBRAIRE-ÉDITEUR

8, PLACE DE L'ODÉON, 8

1881

A Monsieur le Professeur Charcot

Monsieur et illustre Maitre,

Vous avez honoré d'une préface le livre de M. le docteur Paul Richer : « *Études cliniques sur l'Hystéro-Épilepsie, ou grande Hystérie.* »

Il suffisait d'un patronage tel que le vôtre pour attirer mon attention sur ce volume : aussi me suis-je empressé de le lire.

Mais, quelle n'a pas été ma surprise d'y rencontrer sur *l'Électricité statique* des erreurs historiques et cliniques qui, certainement, vous ont échappé.

Je m'empresse de vous les signaler, afin qu'elles ne se propagent pas sous votre haute autorité.

Veuillez agréer, Monsieur et très honoré Maître, l'expression de mes sentiments les plus distingués.

A. ARTHUIS.

Avril 1881.

A mes Confrères

Ce travail n'est pas seulement une revendication de priorité auprès de mes confrères, c'est aussi un appel à leur bonne foi.

Ce qui m'embarrasse le plus en le publiant, c'est que je vais être forcé de parler beaucoup trop souvent de moi et d'employer quelquefois, afin de bien préciser les faits, le *je* « toujours haïssable ». La situation qui m'est faite et le devoir qu'impose à tous la vérité me seront, je l'espère, une excuse suffisante.

Je vais donc parler librement, à cœur ouvert, sans crainte de déplaire à celui-ci ou à celui-là, sans éviter les longueurs ni les redites, tout prêt du reste à faire droit aux justes réclamations si, contre ma volonté, je commettais la moindre inexactitude.

Je diviserai mon travail en deux parties :

Dans la première, je présenterai l'historique aussi complet que possible de l'Electricité statique, depuis sa naissance jusqu'à nos jours. Je préciserai exactement l'état dans lequel se trouvait la question en 1869, lorsque j'ai commencé à l'étudier.

Cette étude montrera au lecteur la part qui revient à chacun dans les progrès de l'électricité statique dont, au dire de M. Paul Richer, M. Romain Vigouroux serait le restaurateur.

Dans la seconde partie, j'indiquerai tous les perfectionnements et toutes les innovations que j'ai apportés dans les appareils électriques, dans les procédés opératoires et dans les applications thérapeutiques de l'électricité statique. Enfin je ferai voir que, de l'ensemble de mes travaux, est résultée une méthode qui est celle que l'on emploie partout aujourd'hui.

Ainsi se trouveront réduites à néant les assertions et les prétentions émises par M. Vigouroux, dans une note à laquelle M. Richer a généreusement donné l'hospitalité.

Et cependant, dans les onze grandes pages qui composent cette note, il y a, il faut le reconnaître, du bon et du nouveau. Mais, comme le disait si spirituellement le regretté professeur Malgaigne : « Le nouveau n'est pas bon, et le bon n'est pas nouveau. »

Je mets sous les yeux de mes confrères toutes les pièces du procès. A eux de décider de quel côté se trouve la vérité historique et scientifique.

PREMIÈRE PARTIE

Historique de l'électricité statique

On lit dans le livre de M. le docteur Paul Richer (p. 604 et 605) :

« Mais il est encore un autre agent physique qui paraît surpasser les aimants par la sûreté et la puissance de son action sur les phénomènes nerveux : c'est l'électricité statique, que l'on doit à M. Vigouroux d'avoir mise au rang des agents œsthésiogènes. Dans le cours de ses recherches sur l'action des plaques métalliques, le docteur R. Vigouroux fut conduit à accorder à la tension électrique des métaux une importance capitale dans la production des phénomènes dits métalloscopiques. Il eut alors l'idée de s'adresser à l'électricité elle-même, non plus à l'état de courant, comme on a coutume de l'employer habituellement, mais à l'état de tension. Les résultats confirmèrent ses prévisions.

1*

« Depuis, des recherches nombreuses entreprises dans cette direction au laboratoire clinique de M. Charcot, à la Salpêtrière, où M. Vigouroux est spécialement chargé de l'électrothérapie, ont permis de constater l'action de l'électricité statique sur les phénomènes nerveux variés et ont conduit à cette conclusion, qu'elle résume, à un plus haut degré de puissance, tous les effets des plaques métalliques et des agents œsthésiogènes en général.

« D'ailleurs, ce n'est pas la première fois que l'on cherche à appliquer l'électricité statique au traitement des maladies.

« Des observateurs distingués du siècle dernier ont fait dans ce sens de sérieuses tentatives, et je me contenterai de signaler les remarquables mémoires publiés par Mauduyt dans les *Mémoires de la Société royale de Médecine.* Mais l'imperfection des instruments d'un côté, le défaut de notions assez précises en névropathologie de l'autre, arrêtèrent les progrès d'une médication que la découverte du galvanisme ruina bientôt complètement.

« C'est donc sur de nouvelles bases scientifiques que M. Vigouroux s'est fait le restaurateur de la médication électro-statique, absolument abandonnée aujourd'hui par les hommes de science.

« Nous devons à son obligeance la note
suivante, dans laquelle on trouvera résumées
les premières indications de ce mode de traitement qui attend encore du temps et de l'expérience une sanction définitive, mais qui,
par ses premiers résultats, d'accord avec les
inductions légitimes du raisonnement, paraît
devoir occuper dans la thérapeutique des
affections nerveuses une place importante. »

$$\begin{matrix} * \\ * \ * \end{matrix}$$

Comment concevoir qu'un médecin qui
consacre à l'étude de l'Hystéro-Épilepsie un
volume de 734 pages, et aux applications de
l'électricité statique un chapitre de 11 pages,
se soit laissé aller à accepter de pareilles
erreurs !

Évidemment M. Charcot, professeur à la faculté de médecine, membre de l'Académie de
médecine, auteur de tant de travaux sur les
affections nerveuses au point de vue patho-
logique et physiologique, ne connaissait pas,
ne connaît peut-être pas encore les lignes que
je viens de citer. Assurément, si le savant professeur les eût connues, il n'eût pas voulu les
consacrer de son autorité, lui qui sait parfaitement la vérité depuis bientôt dix ans !

A l'historique fantaisiste fait par M. Vigouroux et recueilli par M. Richer, nous allons opposer l'historique *vrai* de l'Électricité statique.

*
* *

Quelques années après la découverte de la machine électrique, vers 1744, l'électricité statique commença à être appliquée au traitement des maladies.

Kruger, professeur à Helmstadt, l'employa un des premiers comme moyen curatif, et les essais qu'il en fit amenèrent des résultats heureux.

Deux années plus tard, en 1746, plus familiarisé avec les effets de la bouteille de Leyde, qui tout d'abord avait inspiré une grande terreur à cause de sa puissance même, Herman Klyn guérit, à l'aide de cet appareil, une femme entièrement paralysée depuis deux ans. Il évita soigneusement les fortes décharges et ne fit usage que d'étincelles et de très petites secousses électriques.

En 1748, Jallabert, de Genève, guérit en deux mois un malade affecté depuis quatorze ans d'une paralysie du bras droit, survenue à la suite d'une hémorrhagie cérébrale (1).

En 1755, de Haën, professeur de médecine

(1) Lettre de M. Jallabert dans le *Journal des savants* de mai 1748.

pratique à l'université de Vienne, en Autriche, guérit à l'aide de l'électricité statique un grand nombre de paralysies de causes diverses et plusieurs cas de danse de Saint-Guy. Il démontra, en outre, que l'électricité rétablissait souvent la suppression des règles.

Après ces expérimentateurs, vinrent Nollet (1), Privati (de Venise), Hart, de Sauvages, Sans (2), Mauduyt (3), Masars de Cazeles, 1780, qui, dans son livre sur l'électricité médicale, rapporte tout au long 120 observations de névroses et autres affections traitées par lui à l'aide de l'électricité statique. Ce livre excellent, malheureusement très rare, devrait être entre les mains de tous les électriciens. Viennent ensuite Cavallo, Sigaud de la Fond (4), etc., qui étudièrent l'influence de l'électricité sur les différentes maladies.

Encouragé par le succès de ces savants praticiens, Lindult, médecin suédois, marcha sur leurs traces et obtint une guérison remarquable de chorée ou danse de Saint-Guy, en

(1) Nollet : Recherches sur les causes particulières des phénomènes électriques, et sur les effets nuisibles ou avantageux qu'on peut en attendre, 1769.

(2) Sans : Guérison de la paralysie par l'électricité, 1772.

(3) Mauduyt : 1° Mémoire sur le traitement électrique, administré à 82 malades, 1777 ; 2° Mémoire sur les effets généraux, la nature et l'usage du fluide électrique considéré comme médicament, 1778.

(4) Sigaud de la Fond : Précis historique et expérimental des phénomènes électriques, 1781.

même temps qu'un de ses confrères guérissait un cas d'épilepsie à la fois grave et invétérée.

Teski fit cesser chez un jeune homme de 20 ans une paralysie du bras gauche, dont il était atteint depuis l'âge de cinq ans, et qui ne lui permettait pas le moindre mouvement.

Patryce Brydone guérit une hémiplégie complète datant de plusieurs années.

En 1763, le docteur Watson triompha d'un tétanos général contre lequel on avait inutilement employé tous les médicaments vantés contre cette terrible affection.

Enfin, arriva Bertholon (1780) qui publia ses nombreux travaux sur l'électricité statique. Il résuma tout ce qui avait été fait par ses devanciers, perfectionna leurs procédés opératoires, en inventa de nouveaux, et obtint des guérisons aussi nombreuses qu'inattendues dans beaucoup de maladies qui avaient jusque là résisté à toutes les médications en vigueur (1).

En 1783, Marat (2) précisa davantage encore la valeur de chaque procédé opératoire et indiqua plus exactement quels étaient ceux qu'il convenait d'employer dans chaque cas.

Dans ce travail, forcément limité, je ne puis

(1) Bertholon : Traité de l'électricité du corps humain dans l'état de santé et de maladie ; 2 volumes, 1780.

(2) Marat : 1° Recherches physiques sur l'électricité, 1782 ; 2° Mémoire sur l'Électricité, couronné par l'Académie des Sciences, Belles-Lettres et Arts, de Rouen, 1783.

rapporter les innombrables cures d'affections
nerveuses obtenues pendant le siècle dernier
à l'aide de l'électricité statique, ni même citer
le nom de tous les médecins qui ont appliqué
avec succès ce merveilleux agent. Je me résu-
merai donc en disant qu'un très grand nombre de cures remarquables ayant été signalées
dans le traitement des affections nerveuses les
plus différentes et les plus rebelles, l'électricité statique prit définitivement en médecine
la place importante qui lui était due.

C'était, semblait-il, partie gagnée, et le
champ restait ouvert aux perfectionnements
quand, juste à ce moment (1789), Galvani faisait sa grande découverte et bientôt après
Volta inventait la pile qui porte son nom. Or,
il faut le reconnaître, les diverses machines et
les différents appareils électriques dont se ser-
vaient les médecins du siècle dernier exigeaient
beaucoup de soins et nécessitaient une installation souvent difficile à réaliser. La pile
Voltaïque, au contraire, était facile à manier et
sa puissance dépassait celle des machines pri-
mitives. En outre, la pile marchait par tous
les temps et semblait insensible aux variations
atmosphériques contre lesquelles il faut savoir
lutter en électrothérapie statique.

En un mot, la pile parut plus commode que
les machines de rotation et on lui donna la

préférence : l'électricité statique fut en partie abandonnée et remplacée par les courants continus.

Enfin, en 1832, Faraday, l'illustre physicien anglais, découvrit les courants d'induction, et fournit ainsi à la médecine une source d'électricité énergique et d'un facile emploi. Aussi les courants induits entrèrent-ils immédiatement dans la thérapeutique.

Constatons-le, depuis 1790 jusqu'en 1869, époque à laquelle je commençai mes expériences, l'électricité *dynamique* — courants continus et courants d'induction — régna en souveraine en médecine.

Cependant l'électricité statique continua à être employée encore par certains médecins, Hoffmann, Poggioli, etc. Mais ces praticiens n'avaient que des appareils très imparfaits, et leur clientèle était des plus restreintes. Il leur fut donc impossible de se livrer à aucune observation concluante, et ils laissèrent les choses exactement dans l'état où elles étaient au siècle dernier.

Il se trouva également quelques savants, physiciens et chimistes, pour expérimenter l'électricité statique. Un des principaux parmi eux était M. Beckensteiner (1). Mais il n'avait

______

(1) Beckensteiner : *Études sur l'électricité*, 1859 .

que des instruments défectueux et inconstants. De plus, ne possédant aucune notion médicale, il dut forcément faire fausse route ; aussi les observations qu'il a publiées sont-elles remplies de faits incertains, exagérés ou faux, d'hypothèses invraisemblables, de raisonnements inexacts et quelquefois même extra-scientifiques. Néanmoins certaines guérisons ont paru si frappantes qu'elles ont été signalées par plusieurs médecins recommandables.

Quoi qu'il en soit, ces auteurs, bien qu'ils n'aient en aucune façon relevé l'électricité statique du discrédit dans lequel elle était si injustement tombée, ont certainement empêché qu'elle ne se perdît tout à fait. Ils ont été, pour ainsi dire, le trait d'union entre les travaux du siècle dernier et ceux que nous allons exposer. A ce titre, ils méritent la reconnaissance de leurs successeurs.

*
* *

C'est en 1869, il y a douze ans de cela, que j'ai commencé à m'occuper d'une façon toute spéciale des applications de l'électricité statique au traitement des affections nerveuses.

A cette époque, il y avait un vrai courage à dire que l'électricité statique était le meilleur moyen de guérir ces affections. De tous côtés on me jeta la pierre, et les épithètes les moins

2

agréables ne me furent pas épargnées. Ce fut bien pis encore lorsque parut ma première brochure ; je fus très mal mené dans plusieurs journaux de médecine et dans différentes publications.

Le « jeune et entreprenant confrère », comme me désignait un de mes adversaires, ne se découragea pas. Déjà, en effet, j'avais traité un assez grand nombre de malades pour être convaincu de la justesse de mes idées, et j'étais certain que les esprits réfléchis ne tarderaient pas à revenir de leur prévention.

A cette époque déjà lointaine, M. Romain Vigouroux connaissait-il, même de nom, l'électricité statique ? On pourrait, sans malice aucune, pencher pour la négative.

*
* *

Fort de la bonté de ma cause, encouragé par de nombreux confrères, je publiais dès 1873, un premier travail (1) dans lequel j'exposais les ressources que fournit l'électricité statique. Cette brochure contenait forcément un certain nombre de lacunes que je crois avoir comblées dans mes dernières publica-

(1) Arthuis : Traitement des maladies nerveuses et des affections rhumatismales par l'électricité statiqne, 1873. — 164 pages avec figures dans le texte, chez Adrien Delahaye.

tions. Mais le point important, pour le moment, est de bien préciser les dates.

Parmi les malades que je traitais en 1873, se trouvait Mme X..., jeune femme de 36 ans, atteinte depuis cinq ans d'une *hystérie* des plus prononcées.

J'insiste beaucoup sur l'observation de cette malade soignée par moi en 1873, car cette observation constitue, à elle seule, une date écrasante pour M. Vigouroux.

Et sur ce point, c'est aux souvenirs de M. Charcot que j'en appelle. En effet, il connaissait très particulièrement Mme X..., il l'avait soignée lui-même, et il continuait à la voir presque tous les jours. Dans la seconde édition de mon livre, parue en 1877, j'ai publié cette intéressante observation que, pour ceux de mes confrères qui ne l'auraient pas lue, je vais rappeler ici :

HYSTÉRIE

Mme X..., 36 ans, constitution éminemment nerveuse, est atteinte depuis 5 ans d'une *névrose hystérique* caractérisée par les symptômes suivants :

1° Mme X... ne peut *ni se tenir debout, ni marcher* sans être soutenue par sa femme de chambre. Quand il lui arrive d'essayer de faire, seule, quelques pas, elle tombe à terre aussitôt.

2° Il existe chez elle, une *hyperesthésie* extrême du cuir chevelu. Elle ne peut rien supporter sur la tête : les choses les plus légères, un tulle, une simple gaze, lui causent des douleurs intolérables. Elle a même été obligée de faire couper ses cheveux tout à fait ras.

3° *Hypochondrie prononcée*. — La malade, toujours triste, a un dégoût absolu du monde. Elle voudrait constamment être seule.

4° Enfin des *névralgies faciales* presque constantes, des pleurs fréquents, la sensation de boule à la gorge — *boule hystérique* — quelquefois de véritables *attaques de nerfs*, complètent le tableau de la névrose de Mᵐᵉ X..., névrose contre laquelle tous les moyens possibles ont été vainement essayés.

Traitement. — Pendant quelques jours, je me bornai à administrer à la malade le *bain fluidique*. Ensuite je fis usage d'un *souffle électrique* très doux, que je promenai sur tout le corps, en allant de la tête vers les pieds et en insistant spécialement sur les centres nerveux. Plus tard, j'employai un souffle plus énergique, et enfin les *frictions électriques* et *quelques étincelles légères* sur la colonne vertébrale et sur les membres.

Résultats. — Dès le second mois de traitement, un mieux très notable était obtenu. A la fin du quatrième, la guérison était, pour ainsi dire, complète. Tous les symptômes nerveux avaient disparu ; la malade pouvait très bien marcher sans être soutenue ; elle recherchait le monde et les distractions. Je me souviens encore de sa joie et de sa reconnaissance, la première fois qu'elle put accompagner son mari au théâtre. Seule, un peu de sensibilité existait encore à la tête, mais elle était très légère, puisque Mᵐᵉ X... pouvait supporter son chapeau et se coiffer comme tout le monde.

Ainsi, dès 1873, M. le professeur Charcot connaissait parfaitement les résultats que j'obtenais, depuis quelques années déjà, à l'aide de l'électricité statique. Comme il voyait tous les jours Mᵐᵉ X..., il suivit pas à pas les progrès de sa guérison. Enfin Mᵐᵉ X... me demanda, pour la lui remettre, la brochure que je venais de publier, et je sus par cette malade que mon travail avait reçu l'approbation du maître.

M. Charcot peut donc affirmer, et il est trop jaloux de la vérité pour ne pas le faire, que c'est moi qui suis « le restaurateur de la médication électro-statique » et non M. Romain Vigouroux comme l'a écrit M. Paul Richer.-

M. Vigouroux, il faut bien du reste le reconnaître, est plus modeste. Il avoue lui-même (page 608 du livre de M. Richer) qu'il n'emploie l'électricité statique que « *depuis quatre ans environ* ».

Le mot *environ* ne me satisfait pas ; dans une question comme celle qui s'agite en ce moment, il faut des dates précises, et puisque M. Vigouroux semble avoir oublié la date exacte à laquelle il a commencé à s'occuper d'électricité statique, je la lui rappellerai tout à l'heure.

*
* *

Il est donc bien établi que M. Charcot connait mes travaux sur l'électricité statique depuis 1873. Dès cette époque aussi, de nombreux médecins, dont quelques-uns appartiennent à la Faculté, à l'Académie, aux hôpitaux, vinrent visiter mes appareils et me demander des explications sur les différentes manières dont j'appliquais cet agent. Parmi eux, je citerai le regretté Delpech dont j'ai conservé les affectueuses lettres, toutes pleines d'encouragements flatteurs à propos des bons résultats que j'obtenais sur les nombreux malades qu'il me confiait ; M. Marotte, qui a bien voulu me dire que mon livre était trop court, mais qu'il lui avait plu, parce que c'était un livre « sans prétention et de bonne foi » ; M. Maurice Raynaud, qui me fit l'honneur de venir visiter mon installation ; M. Féréol, dont j'ai publié, dans ma brochure de 1877 (p. 88), la lettre qu'il m'écrivit en 1875 en m'adressant une malade qu'il accompagna plusieurs fois à mon cabinet ; MM. Guyon, Lhéritier, Galezowski, etc., etc.

A cette époque aussi les journaux de médecine s'occupèrent de mes travaux. Dans l'*Union médicale* du 4 octobre 1877, le docteur Hache, ancien chirurgien en chef de l'hôpital d'Etampes, rapporta l'observation d'une guérison de *migraine* que j'obtins, en 1875, chez un de ses malades. « Il est donc permis, dit le docteur Hache, en terminant, de regarder la guérison de la double affection de mon malade comme définitive, et d'en faire hommage à l'*électricité statique*, dont le docteur Arthuis a déjà fait à la thérapeutique tant d'heureuses applications. »

L'espace me manque pour citer tous les médecins qui depuis longtemps veulent bien m'adresser leurs malades. L'un d'eux, le docteur A. Dubois, m'écrivait *le 5 août 1873* : « J'ai lu avec beaucoup de plaisir le petit volume que vous avez bien voulu m'envoyer, et vous ne vous étonnerez pas, sans doute, quand je vous avouerai que la manière dont vous employez l'électricité m'a paru tout à fait nouvelle, et applicable aux nombreux cas qui jusqu'alors nous laissaient désarmés devant la maladie. »

Si je rapporte cette lettre, c'est parce que, dans le débat actuel, la date : *5 août 1873*, a une grande importance.

Je ne veux pas continuer des citations qui allongeraient sans utilité ce travail que je désirerais rendre aussi court que possible.

*
* *

Outre les médecins qui voulurent bien m'envoyer leurs névropathes et autres malades atteints d'affections relevant de l'électricité statique, il s'en trouva qui vinrent me prier de les initier plus complètement à ma pratique et de les mettre en état d'appliquer eux-mêmes les moyens que j'employais.

Le premier parmi eux fut le docteur Vallois, officier de la légion d'honneur, praticien aussi modeste que savant. Ce confrère suivit mes leçons pendant trois mois, et commença à appliquer ma méthode en mai 1875. C'est moi-même qui allai installer chez lui sa machine et qui le dirigeai dans ses premières cures. Il retire les meilleurs résultats de l'électricité statique, qu'il applique avec beaucoup d'habileté.

Après lui, le docteur Paul Vigouroux, de Rueil (même nom que M. Romain Vigouroux, mais non même personne), vint suivre mes expériences, et réclamer mes conseils.

Le docteur Paul Hélot, chirurgien en chef de l'hospice général de Rouen, fit à plusieurs reprises le voyage de Paris pour étudier ma pratique.

Un professeur de l'école de médecine de Rennes emploie également ma méthode avec succès. Ce qui a décidé ce confrère à se procurer mes différentes publications et à venir se renseigner complètement auprès de moi, c'est la cure de la fille d'un de ses amis, petite fille d'un professeur mort il y a trente ans, mais dont le nom immortel restera dans la médecine comme celui d'un des maîtres qui l'ont le plus illustrée. Le docteur Petit fut en effet très surpris des excellents résultats obtenus en très peu de temps chez cette jeune fille de 20 ans, atteinte d'une chloro-anémie qui, depuis plusieurs années, s'aggravait chaque jour, malgré les médications les plus énergiques et les mieux dirigées.

Je pourrais citer d'autres noms encore, mais à quoi bon? Je ne puis pas omettre toutefois de parler du docteur Bardet, lauréat de la faculté de Paris, professeur à l'école pratique, qui applique ma méthode avec talent, pour le plus grand bien des malades. C'est lui qui me seconde dans mes opérations et que je charge, car le temps me manque pour le faire, d'aller électriser chez eux les malades que leur état de souffrance force à garder la chambre.

J'ajoute que, prochainement, paraîtra un traité complet d'électricité statique auquel M. Bardet et moi nous travaillons depuis quelque temps déjà.

Mais, diront nos honorés confrères, dans cette énumération, nous ne voyons pas apparaître M. Romain Vigouroux ? C'est que M. Vigouroux n'est jamais venu chez moi, et n'a jamais vu ni mes appareils, ni la façon dont je m'en servais. Il s'est contenté de lire mes publications et il a dû les trouver de son goût, puisque, au mois *d'octobre 1877*, il alla demander à mon collaborateur, le docteur Vallois, des explications sur ma méthode.

Pendant une heure environ qu'ils passèrent ensemble, le docteur Vallois expliqua à M. R. Vigouroux les différents procédés opératoires de l'électricité statique, et lui indiqua les maladies dans lesquelles il convenait de les appliquer et les résultats qu'on pouvait en obtenir.

Joignant la pratique à la théorie, le docteur Vallois électrisa devant le docteur Vigouroux un malade atteint d'une névralgie cervico-brachiale et la douleur disparut en quelques minutes sous l'influence du *souffle électrique*.

.M. R. Vigouroux fut si satisfait de ce qu'il venait de voir et d'entendre, qu'il ne tarda pas à commander à M. Noé, constructeur, deux machines Carré n° 4, grandeur qui, je le dis en passant, ne convient en aucune façon en électricité médicale.

Quoi qu'il en soit, la première de ces machines fut installée à la Salpétrière le *15 novembre 1877*, et la seconde fut placée chez M. Vigouroux, le *16 mars 1878*.

Les dates que j'indique sont des dates précises.

*
* *

De ce qui précède il résulte donc :

1° Que M. le docteur Romain Vigouroux a commencé à s'occuper d'électricité statique alors que depuis huit ans déjà j'appliquais cet agent ;

2° Que mon élève le docteur Vallois, qui emploie ma méthode depuis 1875, a été l'initiateur, le professeur de M. R. Vigouroux.

*
* *

Après tous les faits que je viens d'exposer, est-il nécessaire d'insister davantage pour convaincre mes confrères que la revendication que je fais aujourd'hui est plus que justifiée ? Je ne le pense pas.

Toutefois je crois devoir ajouter encore un mot.

En 1880, quelques médecins m'ayant parlé de certaines prétentions manifestées dans l'ombre, je crus devoir bien établir ma situation de « restaurateur de la médication électrostatique » comme dit M. P. Richer. Je fis aussitôt paraître un livre dans lequel j'établissais catégoriquement ma priorité, et je déclarais, puisque telle est la vérité : « que c'était grâce à mes travaux poursuivis avec acharnement depuis douze ans, que l'on devait de voir aujourd'hui l'électricité statique prendre droit de cité dans la science médicale » (1).

Non content de bien établir ainsi ma situation et mon rôle par la publication de ce petit volume, je l'envoyai aux médecins des hôpitaux, aux professeurs de la Faculté et à un grand nombre de praticiens de Paris et

(1) Traitement des maladies nerveuses, affections rhumatismales et maladies chroniques, in-8° de 151 pages, avec 8 planches dans le texte, troisième édition; 1880, chez Delahaye.

des départements. Je fis même accompagner cet envoi de celui d'une lettre dans laquelle je priais mes confrères de vouloir bien examiner mon travail et la médication électrostatique qui en était l'objet.

En agissant ainsi, j'étais loin de penser qu'il me faudrait, un an et demi plus tard, invoquer ce fait pour sauvegarder, par une nouvelle preuve, mes droits et les droits de mes collaborateurs. Je n'avais, hélas ! aucune arrière-pensée, et je voulais simplement, ainsi que je le disais dans ma lettre, attirer l'attention du corps médical sur un traitement encore trop peu connu ou mal apprécié, qui donne les meilleurs résultats dans un grand nombre d'affections contre lesquelles la thérapeutique est bien souvent impuissante.

Partout, je dois le dire, mon initiative rencontra de l'écho ; et de tous côtés je reçus les lettres les plus encourageantes, qui me seront toujours de précieux souvenirs.

J'ose espérer que j'ai rempli la première partie de ma tâche, et qu'il ne subsiste plus aucun doute dans l'esprit de ceux de mes confrères qui ne connaissaient pas encore mes travaux.

SECONDE PARTIE

Procédés opératoires et applications thérapeutiques de l'électricité statique

Dans cette seconde partie, je vais examiner la note que M. Romain Vigouroux a publiée dans le livre de M. Paul Richer, et démontrer que ce mémoire n'est qu'une série d'inexactitudes capables d'induire en erreur les médecins qui ne connaissent pas encore d'une manière suffisante l'électricité statique.

Je suis de ceux qui pensent que la science doit être très tolérante, et qu'en médecine on doit faire bon marché des questions de personnes et de priorité. Aussi, je le déclare, si le docteur R. Vigouroux avait apporté le plus léger perfectionnement, la plus petite innovation à l'actif de l'électricité statique, surtout s'il n'avait pas commis de nombreuses erreurs qui peuvent avoir des conséquences funestes, je l'aurais laissé s'attribuer un rôle qui est cependant loin de lui appartenir.

Malheureusement il n'en est pas ainsi; et ces erreurs — précisément à cause du haut patronage sous lequel elles se présentent — m'obligent, dans l'intérêt de la science et aussi dans celui de l'humanité, à une énergique protestation.

M. le professeur Charcot est, à coup sûr, trop amoureux du bien et du vrai pour ne pas applaudir lui-même à des réfutations ayant pour bases la logique, l'expérience et la vérité.

Si mes lecteurs veulent bien ne pas oublier que je soutiens depuis douze ans une lutte incessante, ayant pour but de rendre à l'électricité statique le rôle auquel elle a droit dans la thérapeutique des affections nerveuses, ils reconnaîtront que ce m'est un devoir — aujourd'hui surtout que grâce à mes travaux et à ceux de mes collaborateurs l'électricité statique a conquis sa place en médecine, — de ne laisser s'accréditer aucune des idées fausses qui seraient capables de rejeter dans l'ombre, encore une fois, cette excellente médication

Cela dit, suivons M. Romain Vigouroux pas à pas :

✳
✳ ✳

Note du docteur Romain Vigouroux

« Le mode d'emploi de l'électricité statique dans le traitement
de l'hystérie est, au point de vue des procédés opératoires,
le même que pour les autres maladies. »

Cette première phrase constitue une erreur
profonde et capable de faire commettre les plus
dangereuses maladresses aux médecins qui,
sans autres connaissances que celles puisées
dans cette note, voudraient appliquer l'électricité statique à leurs malades. Eh quoi! M. Vigouroux traite de la même façon toutes les maladies, et applique les mêmes procédés opératoires à l'hystérie, à l'anémie et à la paralysie!

Qu'on le sache bien une fois pour toutes, il
n'y a aucun rapport, en électrothérapie statique, entre la façon de traiter l'hystérie et
celle de traiter les autres affections.

Bien plus, les procédés opératoires diffèrent
essentiellement, non seulement dans chaque
maladie, mais encore dans chaque cas particulier.

✳
✳ ✳

Dans les deux pages qui font suite à la propo-
sition erronée que je viens de signaler,

M. R. Vigouroux décrit « le bain électrique, le vent électrique, l'aigrette et l'étincelle. »

Cette description succincte n'est qu'un résumé des travaux qui ont été faits bien avant que mon confrère songeât à s'occuper d'électricité statique. Il n'y a donc pas lieu de la discuter.

On est obligé toutefois de reprocher à l'auteur de n'avoir pas été plus explicite, car ce résumé manque de clarté, ce qui contraste singulièrement avec le style élégant et lumineux qui caractérise le livre de M. P. Richer. Nous affirmons que les praticiens qui ne sont pas entièrement rompus à l'étude de l'électricité statique ne comprendront pas grand chose à ce chapitre. Pourtant quand il s'agit d'une question aussi controversée, aussi peu connue que l'est encore l'électricité statique, il est nécessaire d'exposer nettement, clairement les faits et tous les faits, ou de ne rien dire du tout. Autrement on risque de laisser croire qu'on ne comprend guère soi-même les idées que l'on expose, et que l'on cherche à faire adopter.

J'engage donc le lecteur qui a besoin d'être éclairé, à recourir à ma dernière brochure où il trouvera une analyse complète des travaux écrits sur la matière par nos devanciers. Il pourra, s'il le désire, compléter cette étude sommaire par la lecture des différents ouvrages qui sont indiqués dans la première partie de ce travail.

*
* *

M. Vigouroux s'occupe depuis trop peu de temps d'électricité statique et n'a encore pu recueillir qu'un trop petit nombre d'observations pour être à l'abri des erreurs fréquentes chez ceux qui commencent à s'occuper d'une question nouvelle, et qui est loin d'avoir dit son dernier mot. Il n'est donc pas étonnant que, tout en ne cherchant qu'à résumer des travaux déjà connus, notre auteur ait commis des erreurs et de nombreuses omissions, qu'il est nécessaire de signaler.

Pour convaincre les médecins de l'efficacité de l'électricité statique, il ne doit subsister aucun doute, aucune équivoque dans leur esprit.

*
* *

Bain électrique. — A propos du bain électrique, auquel M. Vigouroux, pour être bien compris, devrait ajouter la qualification de *fluidique*, afin de le distinguer du bain électrique liquide que l'on employait autrefois, notre auteur écrit : « Le malade placé (ordinairement, mais non toujours) sur un tabouret isolant est mis en rapport avec le conducteur d'une machine électrique. »

3

Ceci est vrai et a été dit mille fois avant **M.** Vigouroux. Toutefois il aurait dû préciser les cas particuliers, car ils sont très rares, où le malade ne doit pas être placé sur l'isoloir, mais au contraire rester sur le sol. Sans cette explication, il est impossible à tout médecin étranger aux manipulations électro-statiques de mettre à profit ce procédé.

A la page 49 de ma dernière brochure, à l'article *Procédé inverse*, le lecteur trouvera l'explication dont il a besoin. Si c'est pour ne pas me citer que le docteur Vigouroux a passé cette explication sous silence, il a eu tort ; car s'il avait été plus au courant qu'il ne semble l'être des nombreux travaux publiés dans le siècle dernier, il aurait vu que ce procédé n'est pas de moi, mais qu'il est dû à Cavallo, célèbre médecin anglais qui exerçait à Londres en 1785 (1).

Vent électrique. — Par cette expression M. Vigouroux cherche à décrire ce que, dans mes publications, j'ai désigné sous la dénomination beaucoup plus juste de *courants élec-triques* et *aigrettes,* expressions que l'on trouve du reste chez tous les auteurs anciens.

---

(1) Cavallo' s médical électricity. London, 1785.

Ici **M.** Vigouroux n'a pas dit un seul mot
que l'on ne trouve chez tous nos devanciers.

Par contre, il a omis de parler du *souffle
électrique* (p. 32 de mon livre), qui constitue
peut-être le procédé opératoire le plus efficace
dans le traitement de l'hystérie, et qui, à ce
titre, mérite qu'on le signale.

Le *souffle électrique* se produit à l'aide de
l'instrument représenté dans la figure ci-
contre. C'est un excitateur qui se termine par

une plaque métallique, sur laquelle sont im-
plantées un plus ou moins grand nombre de
pointes.

Cet instrument offre les multiples avantages
de produire un souffle électrique doux, cal-
mant ; de couvrir une grande surface, et de
pouvoir embrasser à la fois toute une région.

C'est l'excitateur qui me donne les meilleurs
résultats dans le traitement des névroses, des
névralgies et de toutes les affections où existe
le symptôme *douleur*.

Étincelles électriques. — Ici encore,
M. Vigouroux n'a fait que résumer en quelques

lignes les écrits de ses prédécesseurs. Je relèverai cependant une faute grave : « Les étincelles, dit-il, donnent la sensation d'un choc. » Cette affirmation est absolument erronée. Jamais, même avec les machines les plus puissantes, les étincelles ne déterminent autre chose qu'une sensation de piqûre, de chaleur et quelquefois de brûlure ; mais elles ne produisent aucune sensation de choc.

Pour que le choc se produise, il est nécessaire d'ajouter un condensateur à la machine, comme le fait M. Vigouroux. Or, je le déclare énergiquement, c'est là la pratique la plus nuisible que l'on puisse imaginer. En agissant ainsi, on peut causer les plus graves désordres dans l'organisme humain et on augmente toujours, sans exception, les névroses que l'on a pour mission de soulager et de guérir.

Dans mes différentes publications, j'ai longuement traité cette question, à savoir que lorsqu'il s'agit de maladies nerveuses, il faut toujours employer les moyens les plus doux ; cela me dispensera d'entrer ici dans de plus longs détails.

*
* *

Dans les procédés opératoires qu'il a indiqués, le docteur Vigouroux a oublié les deux

principaux : le *souffle électrique* dont j'ai parlé
il y a un instant ; et les *frictions électriques* qui
constituent un procédé donnant, dans beaucoup de cas, les meilleurs résultats. M. Vigouroux ignorerait-il donc l'existence de ces deux
excellents moyens ?

Les travaux que j'ai publiés ont fait connaître les différentes façons de pratiquer la
friction électrique et les effets heureux qu'elle
produit.

C'est au docteur Masars de Cazeles — 1780 —
que nous sommes redevables de cet utile procédé qui, par la sensation produite et les résultats thérapeutiques donnés, prend place en
électrothérapie statique entre le courant et
l'étincelle.

*
* *

Excitateurs. — Ici comme ailleurs,
M. Vigouroux est dans le domaine de la fantaisie
et commet les plus regrettables omissions. Ce
n'est pas dans Mauduyt, comme il le croit,
que se trouve l'étude la plus complète sur les
différents excitateurs répondant à tous les
besoins de la pratique. C'est Bertholon — 1780
— qui, dans ses deux excellents volumes sur
l'électricité médicale, étudie longuement et
exactement cette question. Mauduyt n'avait

donné que des indications, que Bertholon a beaucoup développées et étendues.

A cet égard, je dois signaler un perfectionnement que j'ai apporté aux excitateurs isolés des anciens électriciens. Depuis 1869, tous mes instants ont été appliqués à l'étude de ces questions. On comprendra que j'y attache une grande importance.

J'ai fait construire des excitateurs de différentes longueurs, de différentes grosseurs, de différentes formes.

Là ne se sont pas bornées mes recherches ; j'ai fait faire des excitateurs de tous les métaux. En 1871, après avoir fait une série d'expériences sur la métallothérapie avec M. le docteur Burq, ainsi que je l'ai consigné dans ma première brochure (1873), j'avais pensé que peut-être j'obtiendrais des effets électro-thérapeutiques différents, suivant que j'emploierais des excitateurs de tel ou tel métal, de telle ou telle substance. L'expérience n'a pas donné raison à mes prévisions. Cette question sera du reste étudiée dans le traité annoncé plus haut.

Ce que je veux établir pour le moment, c'est que j'ai imaginé une forme d'excitateur des plus commodes, et je demande à mes confrères la permission de reproduire l'article « Excitateurs » de ma brochure :

« L'instrument appelé excitateur est une simple tige de métal ou de bois, terminée en pointe à l'une des extrémités, en boule à l'extrémité opposée.

Excitateur non isolé.

« La pointe donne le courant, la boule donne l'étincelle. Cet excitateur est tenu à la main et fait par conséquent ressentir à l'opérateur toutes les sensations éprouvées par le malade.

« Afin de répondre à tous les besoins de la pratique, le médecin doit avoir des excitateurs de toutes formes et de toutes dimensions.

« Les excitateurs à grosses boules s'emploient de préférence dans la paralysie, dans l'ataxie, dans l'atrophie, sur le tronc et surtout sur les membres. Tandis que les petits excitateurs sont nécessaires pour électriser les parties délicates telles que le cou et la face.

« Lorsque le médecin veut rester isolé, la forme de l'excitateur doit être modifiée. Voici celle que j'ai imaginée :

« Le milieu de l'excitateur, c'est à dire la partie A B, est en verre, et à ses deux extrémités, en A et en B, sont soudées les parties métalliques. En outre, près des points A et B, en O, se trouve un petit anneau auquel s'adapte la chaîne K qui fait communiquer l'excitateur directement avec le sol.

« Cette chaîne, qui ne présente ni aspérité, ni solution de continuité, est attachée au crochet A ou au crochet B, suivant qu'on veut donner des courants ou des étincelles.

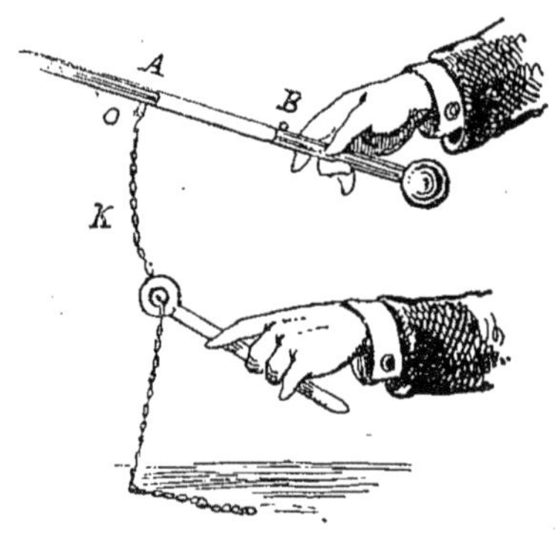

Excitateur isolé.

« On voit sur la figure que la chaîne K traverse l'anneau terminal d'une tige de verre tenue par la main gauche de l'opérateur. Ce petit instrument, que j'ai ajouté à mon excitateur isolé, sert à écarter la chaîne des bords de l'isoloir.

« Avec cet excitateur, le médecin ne reçoit aucune des impressions ressenties par le malade.

« Je crois devoir faire remarquer que les résultats thérapeutiques sont absolument les mêmes, qu'on se serve du premier ou du se-

cond excitateur ; on peut donc employer in-
distinctement l'un ou l'autre. »

*
* *

Nous allons maintenant examiner les pré-
tendues innovations de notre confrère, relativement au tube de communication, à la machine électrique, et à la façon de la mettre en
mouvement.

1° Tube de communication. — « La communication
du patient avec le conducteur ou le cylindre de la machine se
faisait autrefois, dit-il, au moyen d'une tige dont le malade
tenait l'extrémité dans la main. Il y avait à cela plusieurs inconvénients. D'abord le contact prolongé d'une surface oxydable
avec une main le plus souvent humide, la transmission plus
directe des trépidations de la machine, le contre-coup des
étincelles, enfin une fatigue inutile. Nous faisons simplement
reposer l'extrémité de la tige conductrice sur le tabouret, de
cette façon le malade est tout à fait passif et la séance peut
être prolongée sans gêne pour lui. »

Il faut avouer que M. Vigouroux n'est pas
heureux dans ses innovations. Tout est faux,
tout est puéril, tout est renouveau dans ces
quelques lignes.

1° Il est bien facile d'éviter le contact de la
main, que M. Vigouroux suppose générale-
ment humide, avec une surface oxydable : il
suffit de choisir une surface qui ne soit pas
oxydable, et assurément il n'y a pour cela que
l'embarras du choix. Pourquoi M. Vigouroux

3*

cherche-t-il des difficultés là où il n'y en a aucune ?

Pourquoi donc aussi M. Vigouroux dit-il que la main est le plus souvent humide ? c'est probablement parce qu'il ajoute, moyen détestable, un condensateur à sa machine.

2° M. Vigouroux craint la transmission plus directe des trépidations de la machine. Mais les instruments de M. Vigouroux sont donc bien mal construits et bien mal installés pour qu'ils soient le siège de trépidations qui, je le dis encore en passant, doivent être insupportables aux malades ?

J'électrise chaque jour un grand nombre de personnes et, après 6 ou 7 heures d'électrisation quotidienne, il n'y a pas la plus légère trépidation dans mes machines, qui sont toujours les mêmes depuis douze ans.

3° M. Vigouroux redoute le contre-coup des étincelles. Ici ce praticien devient incompréhensible. J'ai électrisé des milliers de malades et jamais aucun d'eux n'a ressenti dans la main le contre-coup dés étincelles, quelquefois cependant très énergiques, que je lui administrais sur toute autre partie du corps.

Pour que le patient ressente le contre-coup des étincelles, il faut que l'on accroche à la machine un condensateur, ce qui constitue, je l'ai déjà dit, un moyen aussi maladroit que funeste et capable de produire les plus graves accidents.

4° Enfin M. Vigouroux redoute la fatigue. En vérité nous tombons dans l'absurde. Quelle fatigue peut-il y avoir, puisque le tube étant accroché au conducteur, il ne fait dès lors que reposer simplement dans la main, sans la moindre pression ? Bien plus, la main étant appuyée elle-même sur les genoux ne subit aucune tension, aucun effort et ne peut éprouver aucune fatigue. Du reste le poids du tube de communication est on ne peut plus léger, puisque c'est un tube creux et de très petit diamètre. Il y a même des praticiens qui le remplacent par un simple fil d'argent.

On voit donc que la fatigue dont parle M. Vigouroux est une chose absolument imaginaire.

L'emploi d'un procédé que j'estime être mauvais m'oblige à dire à M. Vigouroux que c'est à tort qu'il s'en prétend l'auteur. Il a été employé, bien avant lui, par M. le docteur Huguet qui, depuis 5 ou 6 ans, l'utilise dans un but tout spécial et dont je n'ai pas à m'occuper ici.

M. Vigouroux ignorait évidemment qu'il avait été devancé de plusieurs années dans ce qu'il croit être une heureuse innovation. Je suis désespéré de lui enlever toutes ses illusions sur ce point.

Pour moi, je ne crains pas de dire que ce moyen est détestable, et je soutiens que l'ancien procédé qui consiste à tenir dans la main (voir la fig., p. 49) le tube de communication n'a aucun inconvénient, comme je l'ai démontré, et lui est bien supérieur.

S'il fallait en fournir de nouvelles preuves, il me suffirait de dire que le malade étant occupé est moins distrait et plus tranquille; qu'il n'est point tenté, surtout les enfants habituellement fort mobiles, de se tourner à tout propos pour suivre les différentes opérations, ce qui ne permet plus de diriger convenablement le souffle, les étincelles, etc.

J'ajoute, et c'est là le point le plus important, que, si le tube repose sur le tabouret, il se trouve en ce cas à une très petite distance du sol et qu'il s'écoule dans le parquet une quantité notable d'électricité, ce qui, on le comprendra, est un grave inconvénient. Tous les médecins disposés à faire cette expérience se convaincront facilement de la vérité de mon observation : ils verront et entendront le fluide s'échapper dans le sol, comme je l'indique.

Mes érudits confrères, qui savent combien la recherche du mieux dans toutes les branches de la science est entraînante, se doutent sûrement, sans qu'il me soit nécessaire d'insister à ce sujet, que je n'ai pas été, depuis douze ans que je me livre à l'étude pratique de l'électricité statique, sans essayer de tous les procédés, même de celui que préconise M. Vigouroux. Eh bien, j'affirme que ce moyen n'offre pas le moindre avantage, et que c'est pour cela que je ne l'ai point signalé.

En 1873 (voir ma première brochure), j'avais imaginé de faire arriver le tube de communication sur la nuque même du malade à l'aide d'un appareil assez compliqué que M. Trouvé construisit sur mes indications. J'étais guidé en cela par des vues théoriques qui ne m'ont rien donné de fructueux en thérapeutique; et j'ai complètement abandonné l'application de cet appareil pour en revenir définitivement au tube de communication tenu dans la main, le seul vraiment bon, le seul vraiment commode.

2° **Machine électrique.** — M. Vigouroux fait en 25 lignes la description de la machine qu'il emploie. Cette machine n'est nullement une création ; mon confrère l'avoue du reste, car il dit modestement à propos de cet appareil « qu'il a dû innover un peu ». Pour être vrai, ce n'est pas « un peu » qu'il aurait dû écrire, mais « très peu ». Cette franchise m'eût mis à l'aise pour exprimer que cette *minuscule innovation* était une chose détestable ; et j'engage vivement mes confrères à ne jamais se servir de cette machine bâtarde.

Qu'est en réalité la machine de M. Vigouroux? Tout simplement une machine Carré renversée, à laquelle il a ajouté le plateau inducteur de la machine de Holtz !

Elle présente les inconvénients de ces deux machines réunies, sans avoir les avantages de la machine Carré.

En électrothérapie statique, il ne peut naturellement y avoir qu'une machine qui soit excellente, c'est celle qui donne et qui ne donne que de l'électricité statique. C'est la machine à une seule roue de verre, dont l'électricité se rend directement au malade sans aller s'induire n'importe où avant de lui arriver.

Il faut donc, avant tout, si l'on veut étudier et appliquer l'électricité statique, avoir une machine qui en produise. Eh bien, la machine à une seule roue de verre, la machine classique que tout le monde connaît, la machine de Ramsden, en un mot, est la seule qui produise de l'électricité statique pure. C'est donc la seule dont on doive faire usage en électrothérapie statique.

« L'ancienne machine à frottement, dit M. Vigouroux, est manifestement trop imparfaite. » En parlant ainsi, mon confrère laisse voir qu'il ignore à peu près complètement tout ce qui s'est fait avant lui en électrothérapie statique.

Si M. Vigouroux avait pris la peine d'étudier les travaux de nos devanciers, il saurait que leurs machines étaient excellentes et permettaient d'électriser 7 et 8 heures par jour.

Si mon contradicteur avait dit que la machine à frottement exigeait des soins d'entretien assez grands et une installation assez difficile, on aurait pu le comprendre. Mais quand il affirme que les machines de nos devanciers étaient imparfaites, il se trompe de la façon la plus regrettable et la plus absolue.

La machine Ramsden présente, on ne peut en disconvenir, pour la pratique électro-médicale, certains inconvénients. A cause de sa grande surface, elle est encombrante et laisse très facilement le fluide électrique se perdre dans l'atmosphère lorsque celle-ci est orageuse ou humide. Aussi ai-je cherché à la modifier.

J'ai essayé des conducteurs de toutes formes, de toutes dimensions, de toutes natures. Après bien des tâtonnements, bien des essais, j'ai fini par donner la préférence au conducteur représenté dans la figure ci-après. Sa forme demi-circulaire, son diamètre très gros, l'adjonction de boules volumineuses permettent de recueillir une quantité d'électricité considérable. Enfin j'ai adopté des coussins d'une forme et d'une construction spéciales donnant un grand dégagement de fluide.

Ces modifications et ces perfectionnements m'ont permis de réaliser une machine électrique *essentiellement statique*, complètement insensible aux variations atmosphériques, fonctionnant avec la même égalité par tous les temps, et produisant toujours une quantité très grande d'électricité.

Mes machines fonctionnent chaque jour 6 et 7 heures au moins, et jamais, au grand jamais, elles ne m'ont laissé en défaut, quoique le nombre des malades que j'électrise soit considérable. A la fin de mes séances, l'électromètre à cadran qui surmonte ma machine indique toujours une tension aussi considérable qu'au début.

J'ajoute que ma machine, dont les dessins ont été exécutés par mon ami M. Sanguineti, architecte distingué, a obtenu une médaille

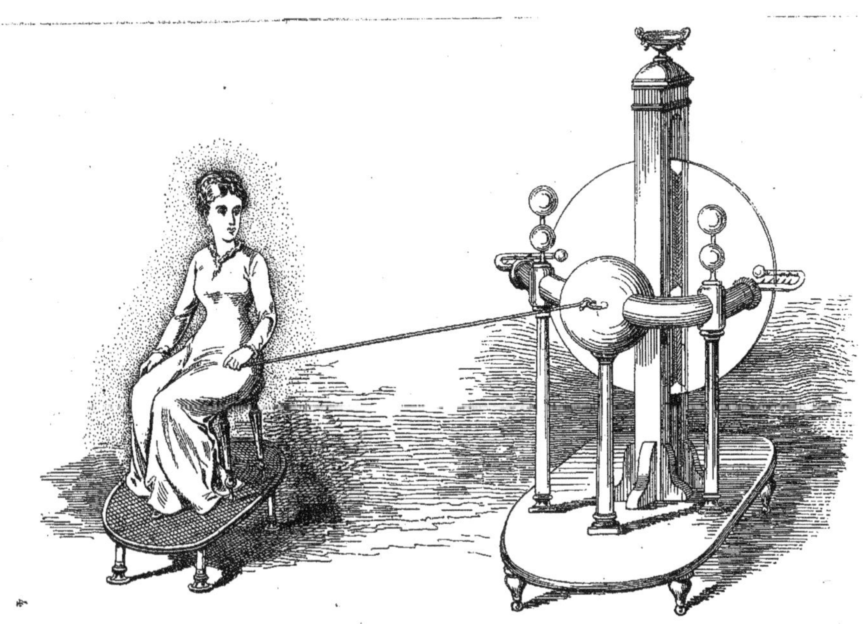

BAIN ÉLECTRIQUE

à l'Exposition universelle de Paris (1878).

Comme cette machine est assez grande, assez encombrante, et d'un prix relativement élevé, elle ne peut convenir qu'aux médecins qui font de l'électricité une spécialité, pour ainsi dire. Lorsque, pour une raison quelconque, un confrère ne peut se la procurer, je lui recommande la machine diélectrique de M. Carré. Mais il faut bien savoir que l'électricité produite par cette machine à double plateau n'est pas de l'électricité statique pure comme celle que j'obtiens avec ma machine, c'est un mélange d'électricité statique et d'électricité induite.

Je suis le premier qui ait appliqué en médecine la machine Carré ; cela remonte à l'année 1872, et encore aujourd'hui je me sers de cet appareil dans certains cas.

C'est même sur mon conseil que M. Carré remplaça la roue d'ébonite inférieure par une roue de verre. Toutefois je ferai observer que, pour les névroses, le n° 4, dont se servent plusieurs praticiens, est beaucoup trop fort : il irrite et excite les malades au lieu de les calmer. Le n° 3 est très suffisant ; je l'ai même fait modifier pour mon usage personnel ; j'ai conservé les plateaux de ce modèle, et j'ai diminué la longueur et la grosseur du conducteur, ce qui permet d'obtenir un courant très fort et des étincelles suffisantes, mais sans exciter jamais les malades.

Il est un point contre lequel je ne saurais protester assez énergiquement, c'est la pernicieuse pratique des médecins qui ajoutent un condensateur à la machine Carré; ils déterminent ainsi chez les malades des chocs, des commotions semblables à celles que produit la bouteille de Leyde qui a causé tant d'accidents. Ce sont même ces accidents qui ont fait délaisser un instant l'électricité statique. « La commotion électrique, dit avec raison le regretté Duchenne (de Boulogne) peut étendre son action sur les centres nerveux, et rend ainsi l'opération extrêmement dangereuse (1). » Je supplie M. le professeur Charcot d'engager son protégé à renoncer à cette funeste habitude.

Je viens d'étudier les deux machines qui peuvent être employées en électricité statique, et j'ai avoué hautement ma préférence pour celle dont je me sers.

(1) Duchenne (de Boulogne) : De l'Electrisation localisée, deux volumes, 1872.

Mais il ne suffit pas d'avoir une bonne machine pour obtenir une grande quantité de fluide ; il faut encore se placer dans certaines conditions dont je vais parler :

1° Tous les jours la machine doit être essuyée avec le plus grand soin, et les plateaux nettoyés avec de l'alcool absolu. Enfin, tout le temps qu'elle ne sert pas, elle doit être recouverte d'une enveloppe de laine qui la protège contre l'humidité.

2° On doit avoir des coussins de rechange. Mes séances sont de sept heures en moyenne, et, toutes les heures environ, je fais succéder de nouveaux coussins à ceux qui viennent de servir.

3° La substance dont on doit enduire les coussins a une grande importance. J'emploie quelquefois l'or mussif, mais je donne la préférence à l'amalgame de Kienmayer, composé de 2 parties de mercure, 1 de zinc et 1 d'étain.

Pour tous ces détails, je ne saurais trop recommander la lecture du savant ouvrage en deux volumes que M. Mascart, professeur de physique au collège de France, a publié en 1876 : *Traité d'électricité statique.*

4° Mais ce qu'il faut particulièrement recommander, c'est de placer les machines électriques dans une chambre vaste, bien aérée et où circule librement un air sec. C'est pour ne pas s'être placé dans ces conditions essentielles, que M. Vigouroux est obligé d'entourer sa machine Carré d'une cage de verre, ce qui doit être fort incommode pour nettoyer l'appareil et frotter les coussins, comme on doit le faire pour chaque malade.

Loin de moi l'intention de critiquer l'installation de M. Vigouroux; toutefois il est nécessaire de dire que ses appareils sont placés dans un rez-de-chaussée, au fond d'une cour.

Eh bien, je fais appel ici non-seulement aux médecins et aux physiciens, mais à tous ceux qui ont les plus légères notions en électricité statique, et je leur demande s'il est possible qu'une machine, même très puissante, fonctionne convenablement dans des conditions aussi mauvaises? Non, assurément.

On aura beau chauffer la chambre, dessécher l'air de toutes les façons possibles, envelopper la machine d'une cage et même de plusieurs cages de verre, ajouter un condensateur (pratique détestable, c'est démontré), une machine électrique ne pourra pas fonctionner convenablement dans un tel milieu. Cela n'est pas possible ; c'est tout à fait contraire aux notions les plus élémentaires de physique.

Dans l'intérêt de M. R. Vigouroux, je l'engage

·à s'installer à un premier étage, ou dans un entresol très élevé de plafond, autant que possible exposé au midi, et alors il pourra se convaincre de l'excellence et de la constance des machines à frottement dont il parle si légèrement et à coup sûr sans les connaitre.

On est forcé, bien malgré soi, de faire cette réflexion que notre confrère semble aussi peu initié aux connaissances des phénomènes physiques, qu'aux applications médicales de l'électricité statique.

Avant de quitter ce chapitre, il me reste à parler d'un point très important que M. Vigouroux a encore passé sous silence : il s'agit de *l'isoloir* qui joue un rôle considérable dans les opérations électriques.

Machine puissante, installation convenable, tout cela ne suffit pas dans la pratique médicale. Il faut aussi que rien ne se perde du fluide produit par l'appareil. Il pourrait arriver et il arrive souvent, en effet, que bien que la machine dégage une très grande quantité d'électricité, les cheveux du patient placé sur l'isoloir sont à peine relevés et qu'il ne sent presque pas le souffle ou les étincelles. C'est là, on le comprend, un inconvénient des plus graves et qui tient surtout à l'imperfection de l'isoloir.

J'ai cherché un isoloir remplissant toutes les conditions désirables d'isolement et je suis certain de l'avoir trouvé. Voici ce que j'ai dit dans ma brochure (p. 23) :

Isoloir. — « L'isoloir employé par tous nos devanciers était simplement une large planche en bois de chêne, aux angles arrondis et reposant sur quatre pieds de verre.. La planche devait être assez grande pour recevoir une chaise sur laquelle on faisait asseoir le malade en communication avec la machine.

« Moi aussi, au début de ma pratique, je me suis servi de cet isoloir, mais je n'ai pas tardé à reconnaître combien il était défectueux, combien, pour tout dire, il isolait mal. Dans les temps humides, en effet, une partie du fluide électrique glisse sur la surface des pieds de verre, malgré le vernis dont on les recouvre, et va se perdre dans le sol. D'un autre côté, le bois est lui-même conducteur. Enfin, quel que soit le soin avec lequel on façonne la planche, elle présente toujours des aspérités par lesquelles s'écoule une certaine quantité d'électricité.

« Le malade ne reçoit dès lors qu'une partie du fluide fourni par la machine, ce qui est, dans beaucoup de cas, tout à fait insuffisant.

« Pour remédier à cette grave lacune, j'ai imaginé un isoloir spécial, *complètement en verre* et construit de telle façon que le malade reçoit et conserve toute l'électricité produite.

« Des machines statiques, même beaucoup moins puissantes que celles dont je fais usage, peuvent ainsi suffire par la seule perfection de leur isoloir. »

3° Nous voici arrivés à la troisième et dernière innovation de M. Vigouroux. Empressons-nous de dire qu'elle est aussi illusoire que les deux autres.

Moyen de rotation. — « Reste à traiter une question, celle de la force motrice nécessaire pour la rotation. *A priori* l'ancienne méthode, de tourner la manivelle à la main, devait être écartée. Avec elle, pas de longues séances possibles et surtout pas de traitement simultané comme on doit le faire dans les hôpitaux. Nous avons donc employé, avec les meilleurs résultats, des moteurs mécaniques, d'abord de petits moteurs à gaz système Bischop. Un moteur de la force nominale de 5 kilogrammètres suffit pour une machine. Dans une installation plus récente, un moteur à gaz d'un cheval (système Otto) donne le mouvement à quatre machines à la fois. »

Il y a lieu d'être surpris en lisant ces lignes. On dirait vraiment qu'au lieu de s'occuper des applications médicales de l'électricité statique, M. Vigouroux s'occupe de ses applications industrielles. Qu'importe, en effet, que l'on mette la machine électrique en mouvement de telle ou telle façon, pourvu qu'elle fonctionne d'une manière constante et régulière ?

La prétendue innovation de M. Vigouroux n'a aucune valeur au point de vue du résultat médical qui seul doit nous occuper ici ; et, si nous la discutons, c'est pour montrer d'abord qu'elle ne vaut rien, ensuite pour établir qu'elle n'appartient nullement à M. Vigouroux, comme il se le figure gratuitement.

Lorsqu'on fait usage de la machine Carré, on peut à la rigueur remplacer le bras qui la fait mouvoir par un moteur quelconque ; mais à cette pratique, il n'y a aucun avantage pécuniaire et il y a de sérieux inconvénients.

M. R. Vigouroux n'ignore point, je suppose, que le dégagement d'électricité varie avec la rotation plus ou moins vive de la roue de la machine. Or, il admettra bien que la quantité d'électricité qui convient à un malade ne convient pas à l'autre ; on ne doit pas donner, toutes choses égales d'ailleurs, autant d'électricité à un enfant qu'à un adulte, autant à une hystérique qu'à un paralytique, etc. Il faut donc que la rapidité de la rotation diffère selon chaque maladie et selon chaque sujet. Si l'on agissait autrement, on s'exposerait à de cruels mécomptes.

Or, si l'on se sert d'un moteur mécanique,

4*

on est obligé, à chaque malade, de modifier le mouvement de manière à augmenter ou diminuer la rapidité de la rotation. Cela est sinon impraticable, du moins une cause de préoccupation. C'est aussi une perte de temps et le temps n'est pas à dédaigner lorsqu'on a un grand nombre de malades à électriser.

J'ajoute que l'emploi du moteur mécanique ne donne point un mouvement aussi uniforme, aussi doux, aussi silencieux que celui que l'on obtient au moyen du bras.

J'estime donc que le procédé qui consiste à faire tourner la machine par un aide placé dans une chambre contiguë à celle où s'opèrent les électrisations est préférable à tous autres. La manivelle traverse la cloison de séparation des deux chambres, et à l'aide d'un timbre et de certains signaux convenus, le tourneur est constamment averti du mouvement lent ou rapide qu'il doit imprimer à la roue.

Mais ce n'est pas là le seul avantage de ce procédé. En agissant comme je viens de l'indiquer, il ne se produit jamais dans mes machines le moindre ébranlement, la moindre trépidation, ainsi qu'il arrive forcément avec un moteur mécanique, comme l'avoue lui-même M. R. Vigouroux.

Enfin on évite le bruit incessant, continu,

produit par les moteurs, bruit absolument insupportable, même pour les gens bien portants, à plus forte raison pour les malades qui, atteints de névrose, ont, avant tout, besoin d'un calme parfait sans lequel l'électricité ni aucun traitement ne peut réussir.

Je suis allé voir fonctionner le moteur de M. Vigouroux; et le bruit de ce moteur avait une telle violence qu'il était impossible de s'entendre parler même à une petite distance, dans le cabinet de mon confrère. On peut juger combien cela doit aider à la guérison des malades qui souffrent de névroses ou de névralgies de la tête !...

Je sais qu'on pourrait à la rigueur mettre le moteur en dehors du cabinet d'électrisation ; mais alors on serait obligé de placer dans ce cabinet une courroie de transmission dont le bruit et le mouvement perpétuel ne laisseraient pas que de fatiguer singulièrement les malades. Enfin le cabinet du médecin se trouverait transformé en une manière d'usine rappelant la salle des machines à vapeur à l'Exposition où, j'en suis sûr, ne s'attardaien pas longtemps les névropathes.

M. Vigouroux donne une raison singulière pour expliquer l'usage des moteurs mécaniques. « Avec un seul moteur on peut, dit-il, donner le mouvement à quatre machines à la fois. » Faire marcher quatre machines à la fois !.... Cela est superbe..... dans l'industrie ; mais en médecine ?... Est-ce que M. Vigouroux aurait la prétention d'électriser simultanément quatre personnes ?... Soyons sérieux.

L'électricité est un agent assez délicat, assez difficile à appliquer pour que le médecin ne quitte pas une seconde le malade pendant qu'il est sur l'isoloir. C'est le seul moyen de le guérir et d'éviter tout accident.

Qu'on ne vienne pas m'objecter qu'on peut se contenter de donner de simples bains électriques et que, pendant cette opération, il est inutile que le médecin soit constamment présent. J'établirai tout à l'heure que les bains électriques n'ont, dans aucun cas, de propriété curative.

Je viens de démontrer que les moteurs mécaniques étaient bien inférieurs aux moteurs humains, et encore n'ai-je parlé que de leur adjonction à la machine Carré dont la résistance est presque insignifiante, et qui tourne toujours dans le même sens.

Mais lorsqu'il s'agit des vraies machines statiques, de la mienne ou autres, les moteurs mécaniques deviennent absolument impossibles à employer.

M. Vigouroux me permettra, en effet, de lui rappeler que les machines à frottement à une seule roue, pour dégager beaucoup d'électricité, ont besoin d'être tournées alternativement de droite à gauche et de gauche à droite. Si l'on tourne constamment la manivelle dans le même sens, comme on le fait pour la machine Carré, au bout de quelques minutes le dégagement de fluide se trouve très notablement diminué à cause de l'affaissement des coussins; on l'augmente immédiatement en changeant le mouvement et en tournant dans le sens inverse. C'est là un fait connu de tous ceux qui ont vu fonctionner ma machine.

Concluons donc qu'il faut rejeter les moteurs mécaniques et donner la préférence aux moteurs humains.

*
* *

M. Vigouroux se figure à tort que c'est lui qui, le premier, a eu la pensée de faire mouvoir la machine électrique au moyen d'un moteur à gaz.

A propos des moteurs en général, les médecins du siècle dernier, qui électrisaient pendant la plus grande partie de la journée, avaient inventé des moteurs mécaniques de différentes sortes, qu'on trouve indiqués dans Bertholon. Mais ils ne tardèrent pas à y renoncer pour faire tourner la machine à la main.

Quant aux moteurs à gaz, ils ont été appliqués la première fois, aux machines électriques, en 1872. Voici le fait : Parmi mes clients et amis, se trouve M. J... qui consacre à la science les loisirs que lui laisse une grande fortune. En 1872, il me pria de lui installer dans son hôtel une machine électrique; c'était une machine à peu près semblable à la mienne comme forme, mais beaucoup plus petite, et dont il fallait, ainsi que je l'ai dit, changer le sens du mouvement tous les quarante tours de roue environ.

Nous établîmes, à côté, un moteur à gaz, afin de mettre la machine en mouvement, et malgré le soin avec lequel tous ces appareils furent aménagés, on fut obligé d'abandonner le moteur, le renversement du sens de rotation se faisant mal et avec bruit.

Lorsque au contraire c'est la main humaine qui tourne la machine, le malade n'entend pas le moindre bruit et n'éprouve d'autre sensation que celle de nouveaux effluves d'électricité qui lui arrivent chaque fois que le tourneur change le sens de la rotation de la roue.

En résumé, le moteur à gaz qui, comme

tous les moteurs mécaniques, doit être rejeté de la pratique électro-médicale, a été adapté aux machines électriques en 1872, chez M. J....., lequel précédait ainsi de six ans la prétendue innovation de M. Vigouroux.

Faits cliniques. — Dans mes différentes publications, j'ai fait connaître les résultats que j'avais obtenus dans le traitement des névroses et de diverses maladies par l'électricité statique. J'ai rapporté particulièrement un grand nombre d'observations d'hystéries améliorées ou guéries par cet agent. J'ai enfin indiqué les procédés opératoires qu'il convenait d'appliquer dans chaque cas et contre chaque symptôme.

D'un autre côté, je publierai prochainement de nombreuses et nouvelles observations qui viendront donner raison à celles que l'on connaît.

Quant aux quelques faits signalés par M. R. Vigouroux ils ne sont guère qu'un reflet de tous ceux que j'ai publiés depuis douze ans. Ils n'offrent absolument rien de nouveau et ne présentent d'autre valeur que de confirmer mes assertions et sanctionner mes travaux. Il n'y a donc pas lieu de s'y arrêter.

En Angleterre, le docteur J. Russel Reynolds, de Londres, a longuement étudié aussi l'action de l'électricité statique sur certains symptômes de l'hystérie, et le lecteur trouvera les détails dont il a besoin dans les leçons cliniques sur l'électrothérapie, publiées par cet éminent professeur (1).

Je ne puis abandonner le chapitre du traitement de l'hystérie par l'électricité statique, sans dire un mot de la leçon faite sur ce sujet, à la Salpétrière, par M. le professeur Charcot, au mois de décembre dernier.

Voici les faits : à l'aide du simple bain électrique, administré pendant vingt minutes, trois hystériques ont recouvré la faculté de distinguer nettement les couleurs, et ont retrouvé la perception tactile normale.

Il est vrai qu'après avoir obtenu ce résultat M. Charcot s'est empressé d'ajouter que dans 24 heures toute amélioration aurait disparu.

Eh bien, je le déclare, malgré la grande autorité de M. Charcot, cette manière de voir me paraît inexacte, en principe et comme

---

(1) Leçons cliniques sur l'électrothérapie. par le professeur J. Russel Reynolds, membre du collège royal des médecins, professeur de pathologie interne, médecin de l'hôpital de *Universy college* ; 1874.

base d'expérimentation. Non seulement j'affirme que le *bain électrique seul* n'a aucune action curative sur l'hystérie, mais je suis convaincu, d'après les nombreux faits que j'ai observés, qu'il ne possède même pas les propriétés limitées et momentanées que lui attribue M. Charcot sur certains symptômes de l'hystérie : l'anesthésie et l'achromatopsie.

Loin de moi la pensée de mettre en doute les résultats annoncés par le célèbre médecin de la Salpétrière, dans les trois expériences que je viens de citer ; mais je soutiens que ces expériences n'ont rien de concluant et n'offrent aucune garantie sérieuse.

Et qui ne connaît pas le rôle immense que joue l'imagination chez les hystériques ? Or, est-il possible de mettre l'imagination plus en jeu qu'elle ne devait l'être chez les trois malades de l'éminent professeur ? D'un côté, la vue des machines électriques et des divers instruments qui impressionnent toujours, les premières fois, même les personnes les moins nerveuses. C'est là un fait observé par tous les médecins qui emploient l'électricité statique. D'un autre côté, la présence d'un auditoire très nombreux, et par-dessus tout la parole du maître annonçant à cet auditoire les faits qui allaient se passer, dans un temps déterminé, chez ces pauvres femmes ayant déjà servi à d'autres expériences.

Ces malades étaient-elles bien placées dans les conditions nécessaires à une expérimentation scientifique ?

M. Charcot, je n'en doute pas, a eu l'occasion de voir plus d'hystériques que moi ; mais j'ai, certainement, beaucoup plus souvent que lui, appliqué et vu appliquer l'électricité statique aux hystériques, et je déclare que jamais je n'ai observé de résultat appréciable produit par le bain fluidique seul. Lorsque j'ai voulu obtenir les phénomènes précédents, toujours j'ai dû faire appel à des moyens plus actifs.

Je crois pouvoir me permettre de défier l'illustre professeur de produire, à l'aide du simple bain électrique, *chez les malades de la ville*, les phénomènes dont il s'agit. Cela peut arriver, je ne le nie pas, chez les malades de la Salpétrière dont le moral est dans des dispositions spéciales, et est très apte à ressentir tout ce que l'on veut. Mais je suis certain que la mise en scène et l'état des sujets en question jouent là dedans le plus grand rôle. Le bain électrique était chez eux du superflu.

Si j'insiste autant sur ce point, c'est parce que je ne voudrais pas que les médecins qui emploieront l'électricité statique — et ils deviennent chaque jour plus nombreux — accordassent, *à priori*, au bain fluidique des propriétés qu'il n'a pas. En le faisant, ils s'exposeraient à de grandes désillusions et compromettraient la guérison de leurs malades. Compter sur la vertu curative du bain électrique, c'est s'exposer à coup sûr à voir les forces du malade s'épuiser en vaines tentatives, et le zèle du médecin en efforts impuissants.

Si je suis à ce sujet tellement affirmatif, c'est parce que, plus que tout autre, j'ai étudié l'action du bain électrique, et que ma conviction repose sur des centaines de faits. Je l'ai répété bien des fois dans le cours de ma dernière brochure : « Il est toujours mauvais, en électrothérapie statique, d'avoir recours à un traitement vigoureux, lorsqu'un traitement plus doux peut suffire. »

Les médecins du siècle dernier, des observateurs profonds, des praticiens habiles avaient, comme je l'ai fait après eux, constaté l'inefficacité du bain électrique dans les affections nerveuses et dans les autres maladies. Tout d'abord, ils avaient donné la préférence aux moyens violents, aux commotions électriques en particulier, et comme celles-ci ne produisaient que des résultats funestes, par une réaction facile à comprendre, recourant

aux moyens les plus faibles, ils se contentè-
rent d'administrer à leurs malades le bain
électrique, et, pour en assurer l'efficacité, ils
en prolongèrent la durée pendant trois à quatre heures par jour. Or, malgré cette longue
durée, malgré la puissance des machines qu'ils
utilisaient, malgré l'emploi simultané de
plusieurs machines à la fois pour le même
malade, tous les électriciens du siècle dernier
s'accordèrent à refuser au bain électrique
toute action thérapeutique. Entre mille, je citerai l'observation suivante empruntée à un des
ouvrages de Marat, cité dans la première partie de ce travail, ouvrage qui fut couronné
par plusieurs académies.

« J'ai électrisé par bain une jeune femme
hystérique, dit Marat, pendant quatre mois
consécutifs, une heure le matin et une heure
le soir, et je n'ai trouvé aucune amélioration
marquée dans son état. Au bout de ce terme
ses accès reparurent avec la même violence. »

Je crois avoir suffisamment démontré que
le bain électrique est complètement dénué de
vertus curatives. Le médecin qui s'obstinerait
à l'administrer dans une affection quelconque,
nerveuse ou autre, commettrait une faute d'une
gravité extrême. Il perdrait d'abord un temps

précieux en laissant souffrir son malade quand
il ne tiendrait qu'à lui de le soulager. Ensuite
il l'habituerait à l'action de l'électricité, de
sorte que le jour où, reconnaissant l'inefficacité du bain électrique, il voudrait faire appel
à des moyens plus puissants, tels que le souffle
électrique, les frictions électriques, les étincelles, etc., ces moyens n'auraient plus d'action,
et il aurait le chagrin de voir échouer une
médication qui, mieux dirigée, aurait produit
les meilleurs résultats.

Que mes confrères qui n'ont pas encore étudié complètement le traitement électro-statique le sachent bien, c'est un des traitements
auxquels les malades s'habituent le plus vite.

Il y a longtemps que je me suis aperçu
de ce fait ; aussi ai-je été amené, dans les
cures de longue durée, à suspendre le traitement de temps en temps, pour contrebalancer
l'influence de l'habitude.

Est-ce à dire qu'il faille repousser le bain
électrique? Telle n'est pas ma pensée. Dans
toutes mes publications, on peut voir, au
contraire, que je recommande expressément
« de toujours commencer le traitement d'un
malade, quelle que soit son affection, par le
bain électrique, administré pendant deux ou
trois jours, un quart d'heure à chaque fois,
avant de passer à des moyens plus actifs. »

Mais bientôt il est nécessaire de ne plus compter sur son action.

Le bain électrique, qu'on me passe cette expression, n'est, en électrothérapie statique, qu'une *entrée en matière*.

Mauduyt, le seul auteur cité par M. Vigouroux, a exprimé la même opinion en 1777 dans un livre que ne connaît peut-être pas assez mon confrère. On y lit : « Le bain électrique constitue le moyen le plus doux : il sert à sonder, pour ainsi dire, le tempérament des malades, à faire éviter tout accident et à faire prévoir les effets qui résulteront du traitement électrique. »

Ces paroles n'expriment-elles pas, sous une autre forme, tout ce que j'ai dit, et ne sont-elles pas en formelle contradiction avec les illusions manifestées par un médecin très nouvellement initié à l'étude de l'électricité statique ?

*
* *

Nous voici enfin arrivés à la dernière phrase de la note de M. Romain Vigouroux, que je copie textuellement :

« Nous ne saurions trop recommander aussi, et cela, principalement, mais non exclusivement, en vue de la rigueur méthodique, de ne pas faire suivre en même temps un autre traitement soit interne, soit externe. »

Ce conseil ne doit être accepté qu'avec la plus grande réserve. Je me suis suffisamment étendu sur ce sujet en 1873, en 1877 et en 1880, dans mes publications ignorées apparemment de M. Romain Vigouroux et certainement de M. Paul Richer. Je ne veux pas citer tout le chapitre : « *Traitement interne* » de mes brochures ; je rappellerai seulement les phrases suivantes :

« L'électricité statique, appliquée d'après les principes exposés dans ce livre, suffit très souvent pour triompher des névroses et des affections nerveuses qui, bien entendu, ne sont liées à aucune lésion organique.

« Cependant il y a des cas dans lesquels, en donnant en même temps à l'intérieur quelques médicaments indiqués par la nature même de la maladie, on arrive sinon plus sûrement, du moins plus rapidement au but.

« Enfin, dans quelques circontances, il est nécessaire d'administrer des remèdes appropriés à l'affection que l'on cherche à combattre. Seule, l'électricité pourrait être impuissante, ou du moins n'agir qu'avec une extrême lenteur.

« Le médecin devra apprécier, d'après les conditions particulières à chaque cas, s'il est nécessaire ou non de donner, en même temps quel'électricité statique, des remèdes internes et quels sont ceux qu'il convient de prescrire. »

La recommandation faite par M. Vigouroux est-elle autre chose qu'un résumé incomplet des lignes que je viens de reproduire ?

*
* *

Et maintenant il ne me reste plus qu'à laisser à mes confrères le soin de tirer de mon travail les conclusions qui leur sembleront justes, logiques et même irréfutables.

Ils peuvent désormais se prononcer dans le débat et choisir entre les assertions de M. Romain Vigouroux et la revendication légitime que je viens de mettre sous leurs yeux.

FIN

404. — Tours, imp. Rouillé-Ladevèze, rue Chaude, 6.